图说
民用航空客舱安全

中国民用航空局航空安全办公室
中国民航安全学院 ◎编著

中国工人出版社

图书在版编目（CIP）数据

图说民用航空客舱安全／中国民用航空局航空安全办公室，中国民航安全学院编著.—北京：中国工人出版社，2014.6
（图说民航安全生产系列丛书）
ISBN 978-7-5008-5823-2

Ⅰ.①图… Ⅱ.①中…②中… Ⅲ.①民用航空—旅客运输—客舱—安全管理—图解 Ⅳ.①F560.6-64

中国版本图书馆CIP数据核字（2014）第116410号

图说民用航空客舱安全

出 版 人	李庆堂
责任编辑	安 静
责任校对	赵贵芬
责任印制	栾征宇
出版发行	中国工人出版社
地　　址	北京市东城区鼓楼外大街45号 邮编：100120
网　　址	http://www.wp-china.com
电　　话	（010）62350006（总编室）； （010）62005039（营销出版部） （010）62382376（职工教育分社）
发行热线	（010）62383276　（010）82075964（传真）
经　　销	各地书店
印　　刷	北京睿特印刷厂
开　　本	889毫米×1230毫米 1/32
印　　张	2.625
字　　数	20千字
版　　次	2014年7月第1版 2014年7月第1次印刷
定　　价	10.00元

图说民航安全生产系列丛书 编委会

序

航空安全是民航稳定运行和持续发展的生命线，而辛勤工作在生产运行一线的广大职工和基层管理人员正是日夜驻守在这条生命线最前沿阵地上的主要力量；他们具有的安全生产意识、安全生产知识和安全生产能力直接关系到前沿阵地的牢固与否。

为了落实民航局“十二五”安全发展规划关于民航职工素质建设工程中对职工运行安全保障的要求，帮助一线职工学习和了解民航规章对安全生产的相关规定和安全生产的基本知识，理解严格执行民航规章以及按章作业对民航安全的作用和重要性，中国民用航空局航空安全办公室和中国民航安全学院共同策划并编著了《图说民航安全生产系列丛书》。

本丛书的编纂思路是：以民航各主要生产专业模块为背景、以一线生产运行活动为主线、以民航规章的规定为基础，有选择性地重点介绍和诠释与一线作业活动密切相关的安全生产基本知识和有关民航规章的规定和要求。

本丛书采用图文并举的形式，在对相关知识点进行文字描述的同时，辅以漫画配合，力求通过通俗易懂、生动形象的方式为一线职工提供一套安全生产知识读本。

编著者真诚期望本系列丛书能有助于：

新入职员工——提前了解安全生产的基本知识和相关要求的脉络，从而有准备地接受和完成全面的岗位安全培训；

已接受过安全培训的在职员工——从中得以回顾和理解所处岗位相关的安全生产规定和要求；

民航系统的所有职工——在闲暇翻阅中了解其他专业系统或其他岗位的安全生产知识和相关要求。

本系列丛书可作为民航安全生产教育培训的辅助材料，以及作为有兴趣人士了解和获取民航安全生产知识的通俗性读物。

本系列丛书的总体编撰工作由张蕾完成。《图说航空公司运行控制安全》分册由张向晖、白福利负责基础资料整理；《图说民用机场飞行区安全》分册由于航负责基础资料整理；《图说民用航空客舱安全》分册由于野、隋佳、吴倩负责基础资料整理；《图说民用航空安全保卫》分册由王文俊、白福利负责基础资料整理。

本系列丛书首批四个分册付梓之际，在此感谢为成稿贡献笔耕之力和专业才智的所有人士，特别应提到的有：温志东（中国国际航空股份有限公司运控中心）、王艳（中国国际航空股份有限公司客舱服务部）、王淼（北京首都国际机场飞行区管理部）、柯洁茹（广州白云国际机场安检护卫部）等。

限于编著者水平有限，以图文并举方式介绍和诠释民航安全生产知识和相关法规还属初次尝试，书中难免存在问题和不足之处。真诚希望读者给予批评指正。

前言

客舱安全是航空安全的重要组成部分，不仅涉及机组成员及旅客的人身安全，也包括客舱中设施设备及各类物品的安全状态。良好的客舱安全环境，是旅客平安出行的基础，也是提升企业品牌与口碑的最佳途径。因此，普及客舱安全基础知识，加强客舱安全教育与培训，切实提高工作人员及旅客的安全素质，从而有效降低和避免人的因素导致的各类安全风险。

本书结合《大型飞机公共航空运输承运人运行合格审定规则》《公共航空旅客运输飞行中安全保卫规则》《航空安全员合格审定规则》《中国民用航空危险品运输管理规定》《中国民用航空旅客、行李国际运输规则》《中国民用航空旅客、行李国内运输规则》等规章，系统地介绍了客舱安全的基础知识，如客舱安全培训、值勤时间、飞行阶段安全保障以及机上客舱应急等内容；同时，重点讲解了客舱安全涉及的预先准备阶段、直接准备阶段、飞行实施阶段、航后讲评阶段中相关的安全关注要点，以及飞行中乘务员的安全职责与乘客应尽的安全义务等内容。

本书可作为客舱员工进行安全教育培训的指导用书，也可作为客舱新员工的安全读本。此外，旅客可将该书作为提高航空安全意识的辅助读本。相关读者、部门可通过本书获取民航客舱安全的相关知识。

目 录 CONTENTS

一、概　述

引子

吴敏入职某航空公司，刚刚完成了客舱乘务员的初始新雇员培训。现在来到客舱部，向带她飞的王乘务长报到……

1. 如何理解客舱安全？

客舱安全是航空安全的重要组成部分。客舱安全不仅涉及机组成员及客舱中旅客的人身安全，也包括客舱中财和物的安全。

2. 如何保证客舱安全？

通过对航空器、机组以及旅客在特定环境下的安全管理，降低或消除客舱内的安全风险，为机组成员及旅客提供一个更安全的环境。

涉及客舱安全的要素有：

★飞行员；

★乘务员；

★安全员；

★旅客；

★客舱设备；

★外部环境；

★安全讯息的沟通；

★客舱内异常情况等。

3．与客舱安全相关的法律法规主要有哪些？

★《大型飞机公共航空运输承运人运行合格审定规则》（CCAR-121-R4）

★《公共航空旅客运输飞行中安全保卫规则》（CCAR-332）

★《航空安全员合格审定规则》（CCAR-69）

★《中国民用航空危险品运输管理规定》（CCAR-276）

★《中国民用航空旅客、行李国际运输规则》（CCAR-272TR-R1）

★《中国民用航空旅客、行李国内运输规则》（CCAR-271TR-R1）

二、客舱乘务员

1. 客舱乘务员的上岗要求

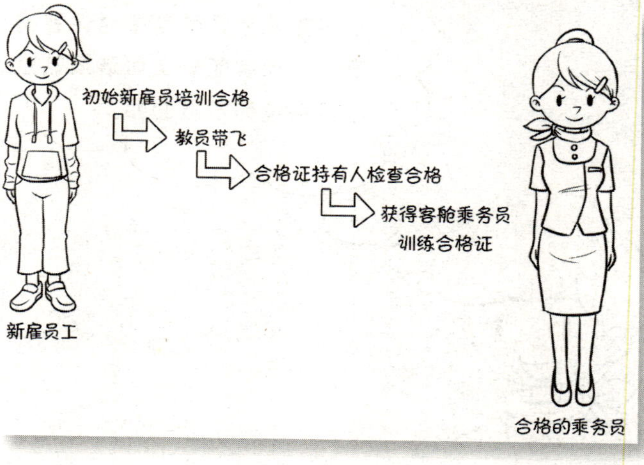

2. 客舱乘务员应完成的训练

乘务员训练包括：

初始新雇员训练、转机型训练、定期复训、重新获得资格训练、危险品运输训练及应急生存训练等。每种训练类别包括一个或更多的课程。

初始新雇员训练

初始新雇员训练包括专业基础理论训练、针对特定机型和岗位的训练、应急情况下的撤离及处置训练。

转机型训练

转机型训练是针对以前曾在一种机型中训练并已经合格的乘务员，当需要其在另外的机型上取得合格证时进行的训练。转机型训练着重强调飞机的特性和在该飞机上乘务人员的特定职责。

定期复训

定期复训是针对已经训练过并被航空承运人证明合格的乘务员，其必须在适当的合格期内接受定期复训和资格检查，以保持合格证的有效性。

所有在职客舱乘务员需在每12个日历月内进行一次定期复训和资格检查，每24个月进行一次应急演练。所有客舱乘务员必须通过规定的地面训练及测试。

重新获得资格训练

这类训练是针对那些由于或不符合近期经历要求，或未按照规定期限完成定期复训或飞行检查，或检查不合格的而失去资格的乘务员。

危险品运输训练

客舱乘务员应按照规定，每24个日历月在训练适宜期内必须完成危险品运输训练。

应急生存训练

机组成员应当针对所飞飞机的型别、布局及所实施的每种运行，完成规章规定的应急生存训练。

小贴士

对机组人员的训练要求明确规定在CCAR-121-R4中。

小贴士

航空安全员必须按照民航局批准的培训大纲经过专业训练合格，并取得《航空安全员执照》后才能上岗。

3. 客舱乘务员的飞行、值勤和休息时间要求

值勤期

值勤期是指机组成员在接受合格证持有人安排的飞行任务后，从为了完成该次任务而到指定地点报到时刻开始（不包括从居住地或者驻地到报到地点所用的时间），到解除任务时刻为止的连续时间段。

休息期

休息期是指从机组成员到达休息地点起，到为执行下一次任务离开休息地点为止的连续时间段。在该段时间内，合格证持有人不得为该人员安排任何工作和给予任何干扰。为了完成指派的飞行任务作为乘务员乘坐飞机往来于驻地和值勤地点的时间不得计入休息期。

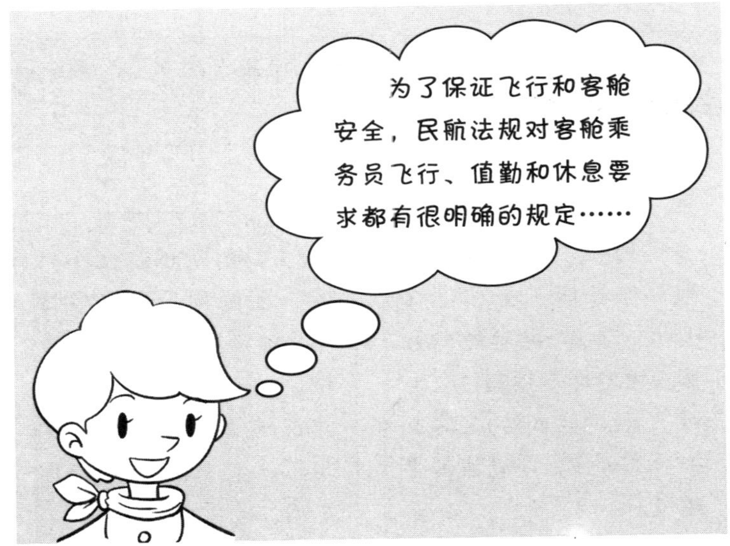

值勤期限制和休息期

当按照CCAR-121-R4第121.391条规定的最低数量配备客舱乘务员时……

客舱乘务员的值勤期不得超过14小时，值勤期后应当安排至少连续9个小时的休息期，这一休息期应当安排在该值勤期结束时刻与下一值勤期开始时刻之间。

在按照CCAR-121-R4第121.391条规定的最低数量配备上增加客舱乘务员人数时……

增加1名客舱乘务员，值勤期不得超过16小时；增加2名客舱乘务员，值勤期不得超过18小时；增加3名或者3名以上客舱乘务员，值勤期不得超过20小时。

值勤期超过14小时时，值勤期后应当安排至少连续12个小时的休息期，这一休息期应当安排在该值勤期结束时刻与下一值勤期开始时刻之间。

如果由于运行延误导致超出值勤期时间限制，实际值勤期最多不得超过规定值勤期限4小时。后继的休息期也不得因此而减少。

飞行时间限制

★在任何连续7个日历日内飞行时间不得超过40小时。

★在任何一个日历月飞行时间不得超过110小时。

★在任何一个日历年内飞行时间不得超过1200小时。

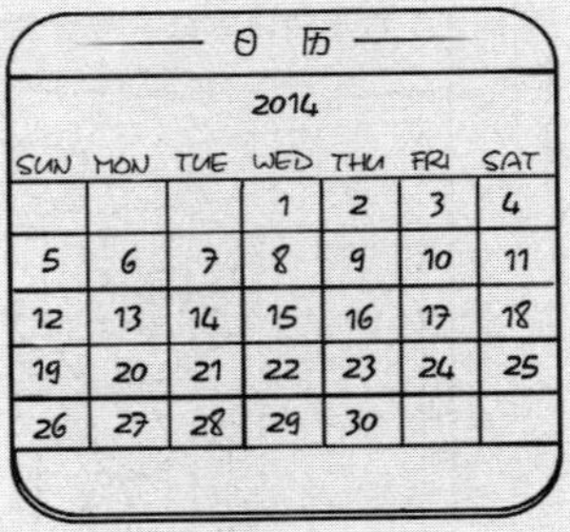

小贴士

对客舱乘务员休息时间的其他要求详见CCAR-121-R4第121.495条的规定。

三、客舱安全规则

客舱安全涉及的重要阶段：

★预先准备阶段

★直接准备阶段

★飞行实施阶段

★航后讲评阶段

1. 飞行准备

预先准备

预先准备内容

★ 领受任务，明确任务性质、起飞时间和要求；

★ 研究起飞、降落和备降机场、航线或者飞行区域有关资料；

★ 初步了解飞机状况；

★ 阅读航空承运人的相关通告；

★ 了解天气形势等。

直接准备

直接准备内容

★签到；

★机组领取飞行资料，检查、校对所有飞行、领航、通信资料齐全并在有效期内；

★确认飞行资料及用具齐全，符合公司运行手册要求；

★领取签派放行文件，根据飞机的状况、最新天气报告，确定飞机的适航状况并核实起飞油量；

★召开机组准备会等。

小贴士

如果航班延误超过24小时，应重新完成飞行直接准备流程。

乘务长应会同航空安全员主动联络机长，进行航前机组协同准备；制定空防预案，确定联络暗号，了解飞行时间和航路天气以及机组对安全和服务的要求。

航前准备会

个人必备装备：

★走时准确的手表

★备用眼镜（凡是合格证上戴矫正镜的乘务员执行航班任务时必须另外随身携带一副备用眼镜）

★手电筒

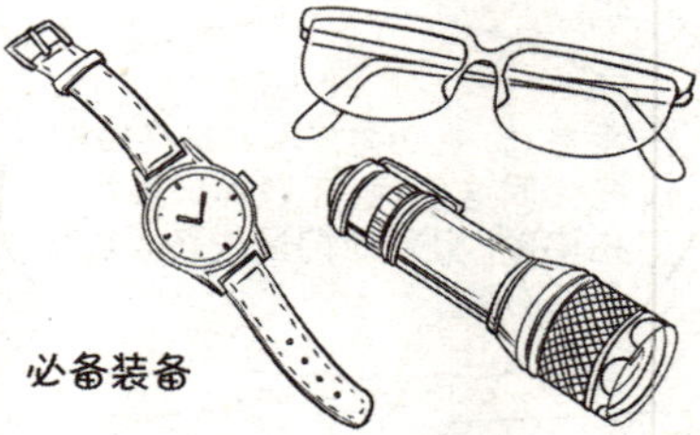

必备装备

个人证件

现行有效的证件：

★《中国民航空勤登机证》

★《中国民用航空客舱乘务员训练合格证》

★《航空人员体检合格证》

√ 对客舱服务工作提出要求，进行客舱乘务员职责分工；
√ 掌握和布置与所飞航班相关的业务内容；
√ 通报近期空防、安全形势；
√ 对客舱安全工作提出要求。

乘务长

乘务员

了解所飞航班机型，掌握所负责区域的应急设备数量、位置和应急处置程序。

乘务长航前准备检查单

一、自我介绍

二、资料、证件检查

★ 确认组员到齐；

★ 检查个人必备装备和个人证件；

★ 确认航班号、机型、飞机号、停机位、航线地标、起降时间、旅客人数、VIP、机长姓名等。

三、职责分配

★ 明确舱门分离器操作及检查人；

★ 明确岗位职责（指定乘务员对坐在紧急出口处的旅客进行确认及安全简介）。

四、工作要求

★空防安全；★客舱安全；★客舱服务。

五、各区域乘务长及安全员提出具体要求

六、互动提问

对于乘客座位数量为20至50的飞机，至少配备1名客舱乘务员。

对于乘客座位数量为51至100的飞机，至少配备2名客舱乘务员。

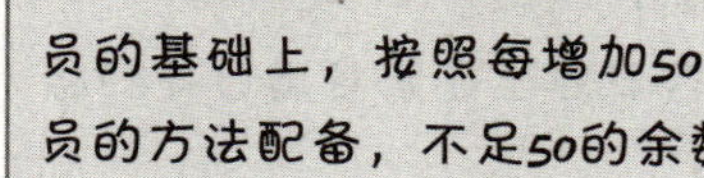

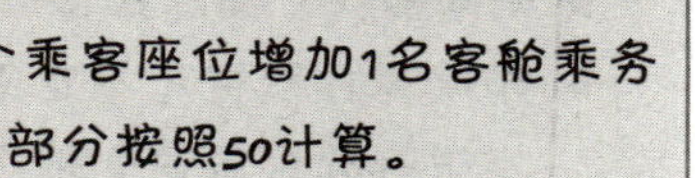

对于乘客座位数量超过100的飞机，在配备2名客舱乘务员的基础上，按照每增加50个乘客座位增加1名客舱乘务员的方法配备，不足50的余数部分按照50计算。

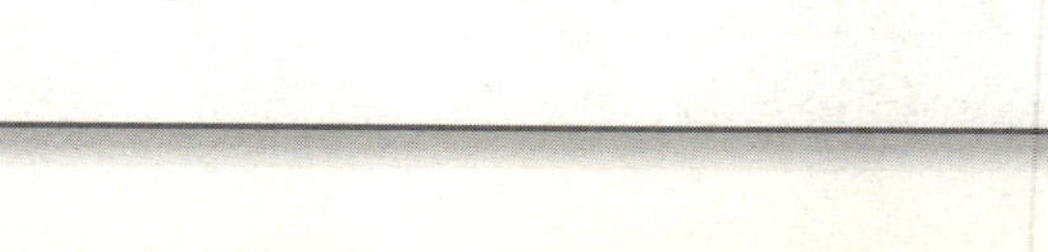

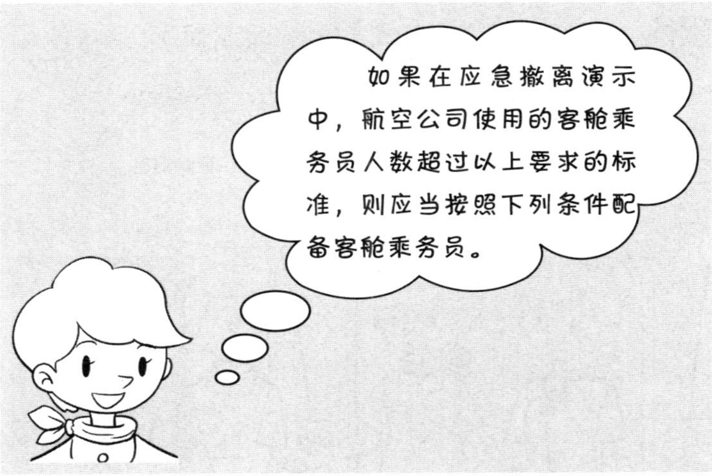

如果飞机为最大乘客座位数量的布局时，客舱乘务员人数至少应当等于应急撤离演示期间所用的人数。

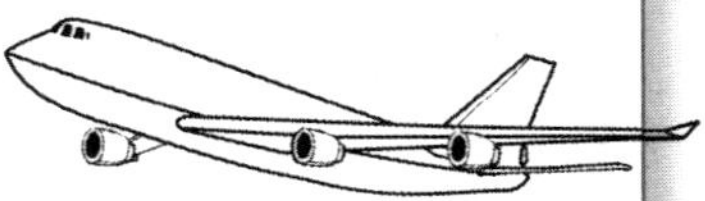

如果飞机为减少了乘客座位数量的某一布局时，客舱乘务员人数至少应当是该布局要求的人数加上应急撤离演示中所用人数与原布局要求人数之差的总和。

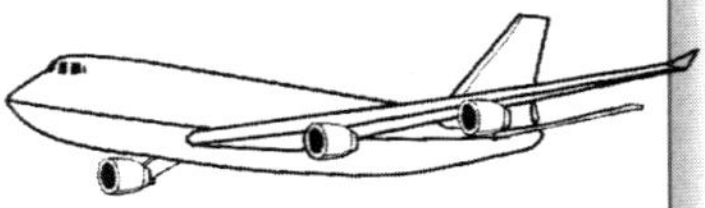

正被带飞的乘务学员不能列入规定的客舱乘务员数量。

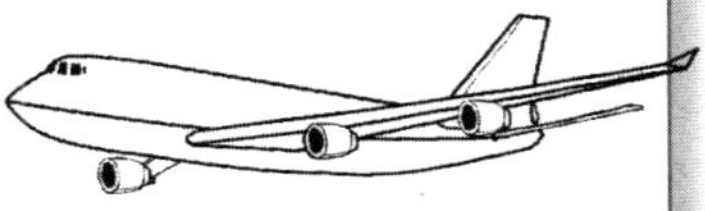

引子 吴敏跟随乘务长完成安检后已经登机了。

客舱乘务员登机后，根据各自的职责核实自己所属区域的应急设备和服务设备，确认其处于待用状态，并向乘务长报告安全检查的情况。

客舱服务设备检查

√所有服务设备是否处于良好使用状态？

√所有服务车辆刹车装置是否有效？

客舱应急设备检查

√急救箱、应急医疗箱是否在有效期内？

√灭火器是否在有效期内？铅封是否完好？压力是否正常？

√氧气瓶压力是否正常，面罩是否完好且匹配？

√洗手间烟雾探测器/灭火系统是否处于工作状态？

√各舱门状况是否正常？

√手电筒、安全演示用具包、《安全须知卡》《出口座位须知卡》等配置是否正常？

小吴，除了客舱应急设备和服务设备检查外，你认为还需要做其他检查吗？
我知道，还要进行飞行前的清舱检查。
安全员正在进行清舱检查，咱们还需要做吗？
必须的！客舱乘务员要协助安全员对客舱进行清舱检查。

2. 飞行实施

上客前的确认

√ 确认旅客登机的廊桥/客梯车是否在待用状态；
√ 确认乘务员按照职责分工到位；
√ 请点旅客人数的人员到位；
√ 客舱安全检查和服务准备工作已完成；
√ 乘务长报告机长已获得旅客登机的许可。

旅客登机的安全管理

客舱乘务员应站在指定的工作岗位上注意观察旅客登机的情况。当发现醉酒、孕妇等旅客时，应及时报告乘务长。

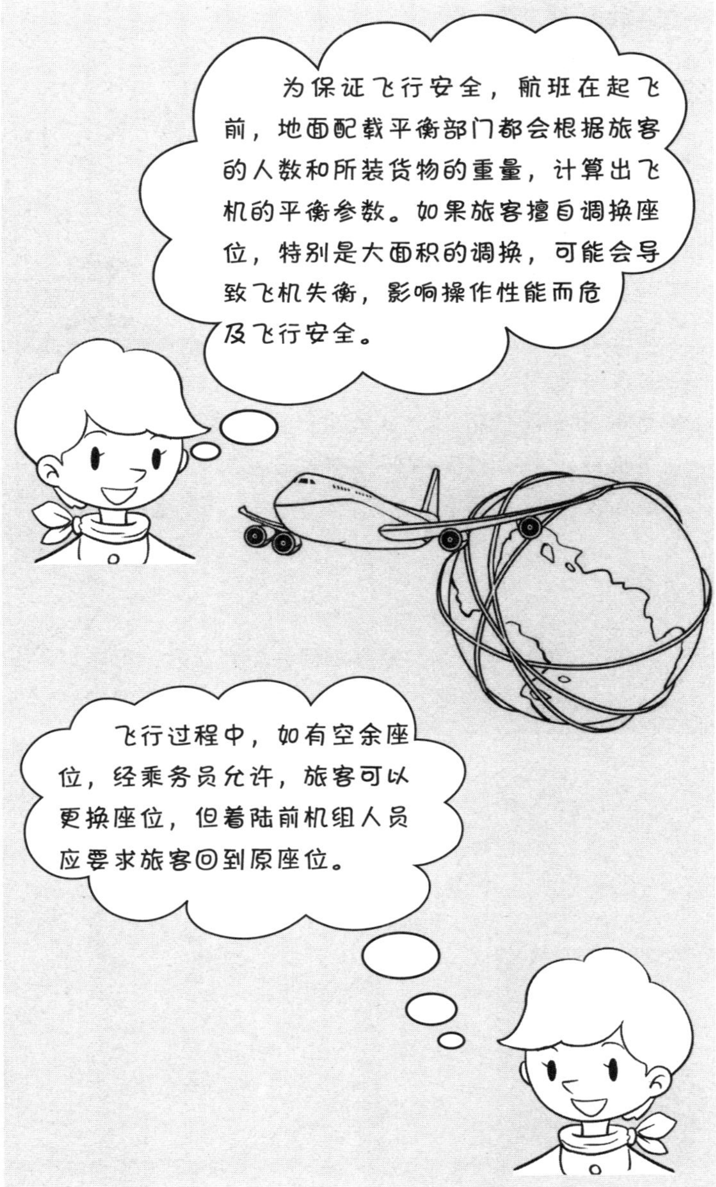
为保证飞行安全，航班在起飞前，地面配载平衡部门都会根据旅客的人数和所装货物的重量，计算出飞机的平衡参数。如果旅客擅自调换座位，特别是大面积的调换，可能会导致飞机失衡，影响操作性能而危及飞行安全。
飞行过程中，如有空余座位，经乘务员允许，旅客可以更换座位，但着陆前机组人员应要求旅客回到原座位。

行李物品的管理

★ 旅客的手提行李，应符合航空公司批准的手提行李的尺寸、重量和数量，才能允许登机。

★ 放置于座位下面的行李应当受行李档杆的限制，每个靠过道的座椅下的行李应当放置于侧行李档杆内，防止行李物品在应急着陆的极限惯性力的撞击下，向侧面滑到过道上。

★ 在关闭全部登机门，准备滑行或者推飞机前，必须核实每件行李都已按规定存放好。

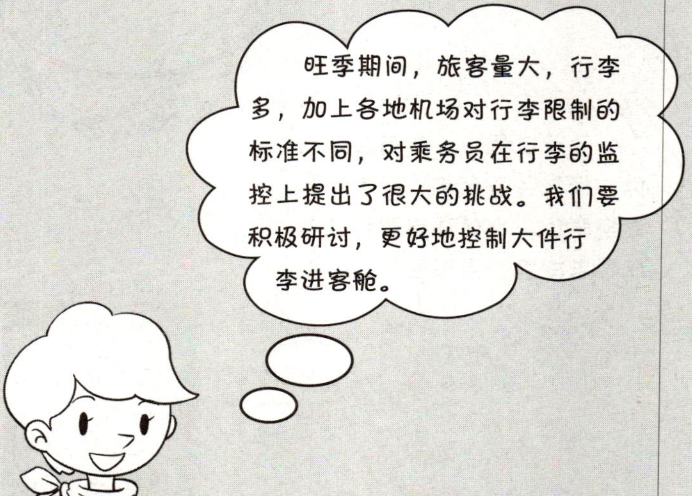

行李不能叠放，否则容易
砸伤旅客哦。

药品
不能为旅客冷藏任何药品，旅客携带的药物应自行保管。

雨伞、婴儿车、拐杖等物品需要放入储物间，并固定好。

应急出口

★每次起飞前，应告知每个旅客应急出口位置及其引导标志和灯光。

★在滑行或者推飞机前，必须已经核实坐在出口座位处的旅客具备相应的能力。

★提示在出口座位就座的旅客阅读出口座位旅客须知卡并进行自我对照，确认其愿意履行相应职责。

★对可能不具备能力或者不愿意履行相应职责的旅客，应立即进行座位调整。（在出口座位就座的旅客要求更换座位时，不得要求其讲出理由。）

小贴士

在出口座位就座旅客应具备的能力在CCAR-121-R4第121.593条中有规定。

登机门关闭

√确认机组人员是否到齐？
√检查所有文件是否齐全？
√核对旅客人数是否与舱单相符？
√是否已完成出口座位确认？
√确认舱内所有行李放置在规定区域，并摆放稳妥；
√确认机上无外来人员；
√确认旅客按登机牌号码对号入座；
√乘务长向机长报告客舱准备情况，请示机长关门。

起飞前客舱安全检查

√行李架是否扣好？
√小桌板是否收好？
√遮光板是否打开？
√旅客是否系好安全带，是否关闭手机、电子设备？
√卫生间是否锁闭？
√厨房电源是否关闭？
……

系好安全带

收起小桌板，调直座椅靠背，打开遮阳板

禁止使用电子设备

洗手间暂停使用
洗手间

对旅客的简介

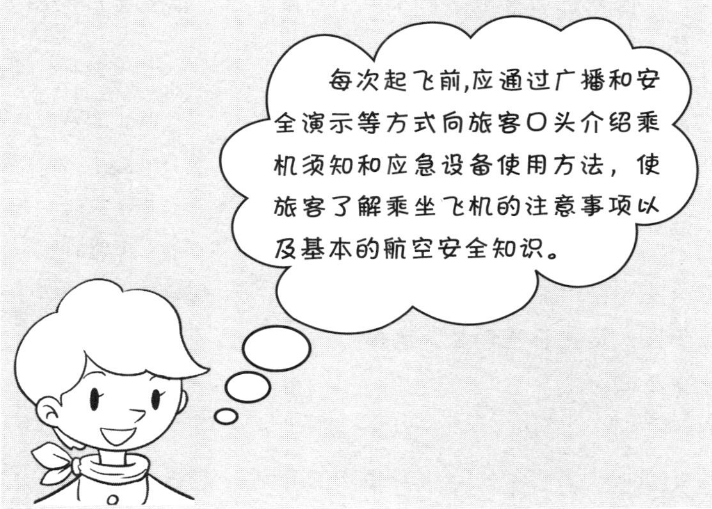

对旅客简介内容

√ 禁止吸烟、禁止摆弄、损伤或者损坏洗手间内烟雾探测器等要求；

√ 应急出口的位置及其引导标志和灯光；

√ 安全带的使用方法；

√ 救生衣等应急漂浮设备的位置及其使用方法；

√ 紧急出口门的操作方法、紧急撤离路线、正确的防冲撞姿势、正确的跳滑梯姿势介绍等；

√ 氧气面罩的使用方法；

√ 机上便携式电子设备使用的禁用和限制要求。

如果机上有需要他人协助才能迅速移动到出口的旅客，应对其进行个别简介，同时：

（1）告诉该旅客及其随行人员，在应急情况下，通往每一适当出口的通道及其开始撤往出口的最佳时间；

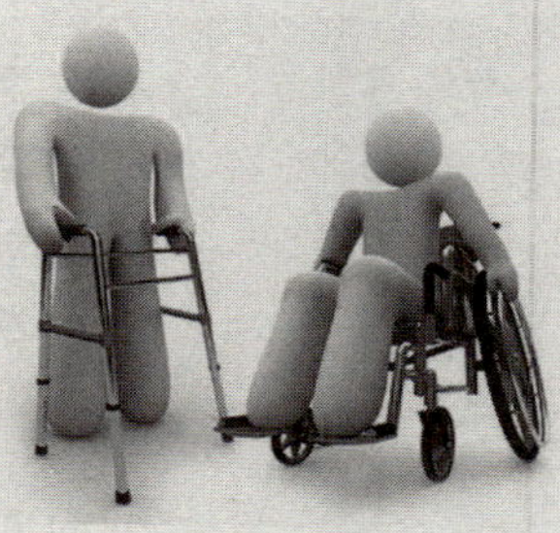

（2）征询该旅客及其随行人员关于帮助此人的最佳方法。

机上广播

安全广播：在滑行、起飞、落地等飞行关键阶段以及特殊情况发生时，通过广播提醒旅客。
服务广播：通过广播让旅客了解此次航班的航程、时间，途经的省市和山脉河流以及服务项目等。

小贴士

对飞行不同阶段必须向旅客提供口头介绍（广播）的内容要求详见CCAR-121-R4的规定。

飞行关键阶段

飞行关键阶段

飞行关键阶段是指滑行、起飞、着陆和除巡航飞行以外在3000米（10000英尺）以下的飞行阶段。

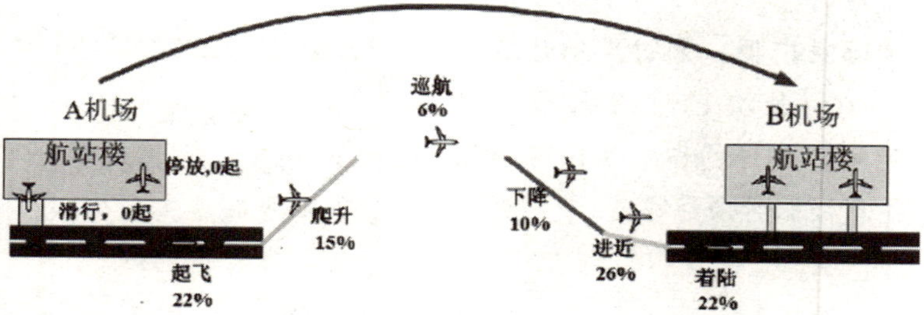

在飞行关键阶段或空中“系好安全带”信号灯亮时，除了在完成保障有关飞机和机上人员安全的任务外，应当坐在值勤位置上，并系好安全带和肩带。

在飞行关键阶段，不得从事飞机安全运行工作之外的其他活动，如进餐、闲聊、阅读等。

在飞行关键阶段，不得进入驾驶舱或与驾驶舱进行无关紧要的通话。

乘务长，为什么乘务员坐席都面向乘客？面对客人坐着感觉挺不好意思的。
小吴，乘务员坐席面向乘客，是为了便于我们更好地观察客舱情况，当出现状况时能第一时间应对。

此外，乘务员坐席这么设计也是为了最大限度地保护乘务员的人身安全……
我明白了，只有咱们乘务员安全了，才能履行保证客舱安全的责任。

客舱服务设备的管理和使用

操作机上设备时应注意

★防止烧水杯空烧；

★防止烤炉空烤；

★防止冷风机超温；

★随时保持行李箱、柜门、备份箱、餐饮车门处于关闭状态。

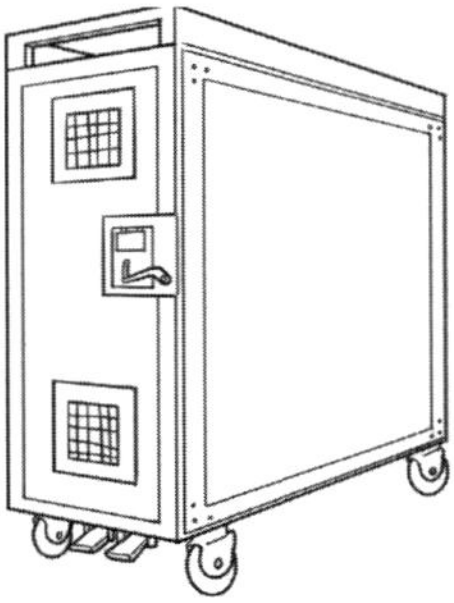

确保客舱使用的服务推车或餐车

★飞行前刹车装置有效；

★在起飞和着陆阶段已存放固定好；

★在紧急情况下已存放或固定；

★在颠簸之前或期间已存放或固定；

★不能单独留在客舱过道上。

客舱门侧的电源插口仅供工作人员使用。

OK

由于客舱设备使用和管理问题造成的事件还真是不少呢……

案例

2011年12月19日，某航空公司执行航班任务，在着陆过程中，飞机后舱厨房一辆餐车冲出，导致位于后舱L2门的一名乘务员左肱骨下段骨折。

2013年4月27日，某航空公司执行航班任务时，后储物间烧水器冒烟，有焦味，未见明火。经查实，确认为烧水壶电缆短路造成烟雾异味。

餐饮服务安全管理

不得向乘坐飞机的下列人员供应任何含酒精的饮料。

按照适用的飞机保安要求，在飞机上持有致命性或者危险性武器的人。

按照适用的飞机保安要求，正在护送别人的人或者被护送的人。

表现为醉酒状态的人。

★为旅客提供热饮最多倒三分之二，并做好语言提示；
★为小旅客只提供冷饮或温热饮品，并交给家长；
★提供饮料时注意防碰洒。

机组成员在计划飞行的8小时内，不得饮用含酒精饮料，值勤过程中，不得饮用含酒精饮料。

安全巡视及管理

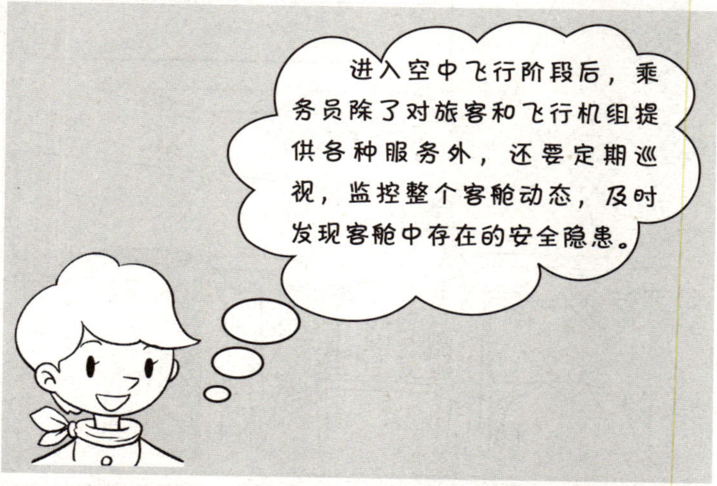

客舱乘务员需要全程监控驾驶舱门（有航空安全员的航班由航空安全员负责）、客舱、厕所、应急出口和机内货舱门的安全。

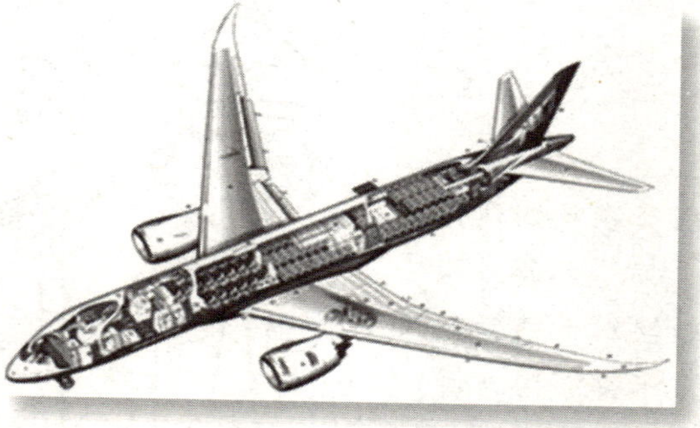

在飞行中的任何时间，发生任何异常事件或听见异常声音，客舱乘务员应立即向乘务长报告，乘务长须立即报告机长。

禁止吸烟

小贴士

在我国，飞机客舱内“如烟”及同类产品也被禁止抽吸。

严禁旅客在客舱内吸烟（尤其关注洗手间、后货舱及厨房内）。当发现旅客吸烟时，必须立刻制止，并严格检查洗手间等地方有无火灾隐患。

违禁品/危险品管理

★枪支、军用或警用械具类（含主要零部件）；
★爆炸物品类；
★管制刀具和利器、钝器类；
★易燃、易爆物品；
★毒性物质和传染性物质；
★腐蚀性物品、放射性物品；
★易传播病毒的物品；
★其他危害飞行安全的物品等。

一旦发现客舱内有危险物品，应立即报告机长，由机长通知空中管制系统，选择就近机场着陆。在整个处理过程中应随时与驾驶舱保持联系并按照危险品处置程序正确处理。

案例

某航班起飞后，一旅客的便携式平板电脑发出“啪啪”响声并冒出大量白烟。后经调查认定是锂电池短路引起的。

某航空公司执行航班任务，乘务员在巡视客舱时发现有旅客携带小鞭炮。乘务员立即用湿毛毯包裹鞭炮，机组申请了备降。

驾驶舱门的关闭与锁定

机组应确保在飞行期间关闭并锁定驾驶舱门。但下列情况除外：

★ 起飞和着陆期间，如果驾驶舱门是通往必需的旅客应急出口或者地板高度出口的通道；

★ 在执行任务的机组成员需要进入客舱或者驾驶舱时；

★ 按照CCAR-121-R4第121.545条规定准许进入驾驶舱的人有必要进入驾驶舱时。

可以进入驾驶舱的人

机组的沟通与配合

当乘务组判断有危险时，例如：发生起火、冒烟、漏液和飞机隔板表面热度反常、地板明显变形等，应立即告知飞行组。

当乘务组感到有疑问时，例如：飞机状况、飞行计划、航路等有意想不到的变化，应马上以简明扼要的语言询问或告知飞行组。

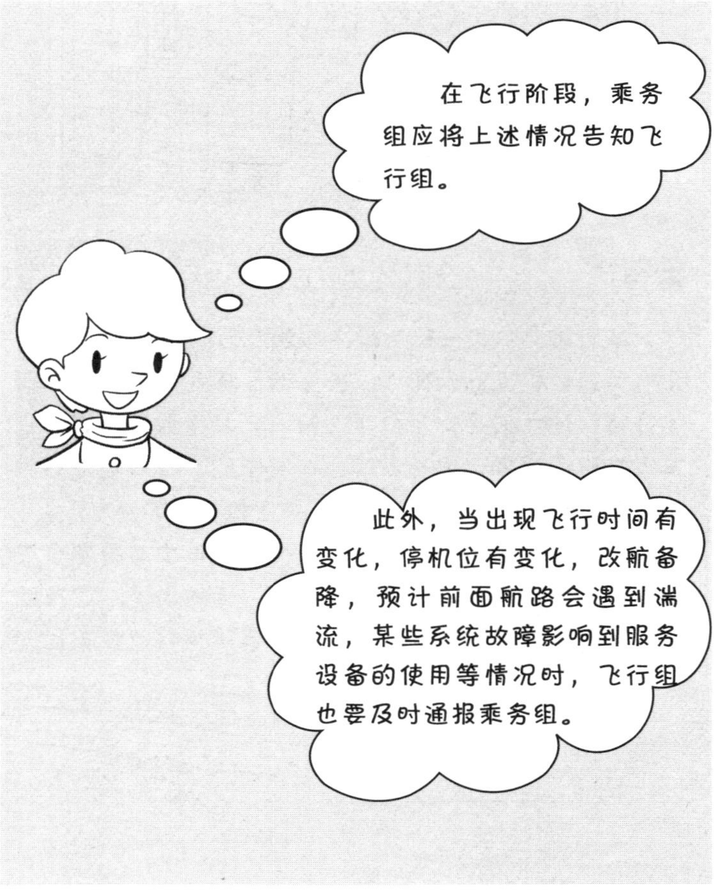

案例

某国航空公司一架飞机在加拿大的DRYDEN机场起飞时坠毁，机上24人死亡。失事的原因是机翼结冰。而值得特别注意的是，飞机起飞前，一名乘务员看到了机翼上堆积的湿雪，但她没有通知驾驶舱。原因是她感觉飞行组可能不欢迎来自客舱的有关飞机运行的信息。

同时，一位加拿大航空公司的飞行员作为乘客也在飞机上，他也看到了机翼上的积雪，但他出于“职业的礼貌”不愿意质疑同行的能力，没有坚持将此情况通知机组人员。

为飞行机组服务

客舱乘务员应当保证为执行飞行任务的机长和副驾驶员提供不同的餐食。

如只能为机长和副驾驶员提供同种餐食时，则机长和副驾驶员要间隔一小时进餐。

为驾驶舱提供饮料和餐食时，应绕过中央仪表板；飞机颠簸时禁止向驾驶舱提供餐饮服务；提供给驾驶舱的餐饮，使用完毕后应及时收回。

飞机加油时的安全管理

机上有旅客时或旅客登机/下机时的加油注意事项。

★ “禁止吸烟”信号灯亮；

★ 客舱乘务员广播通知旅客飞机正在加油，请旅客在原位就座，解开安全带，不得使用任何电子设备；

★ 在有旅客的客舱区域的每一个应急出口，至少有一名客舱乘务员负责；

★ 客舱通道、应急出口无障碍物；当有上下飞机的旅客时应保持走廊通道的通畅；

★ 当乘务组发现客舱秩序不能保证应急撤离的实施时，立即通知飞行机组人员停止加油。

着陆前的安全检查

飞机准备下降……
小吴，马上要下降了，准备安全检查！
是！

系好安全带
收起小桌板，调直座椅靠背，打开遮阳板
禁止使用电子设备
洗手间暂停使用

旅客下机后

旅客下机后，我们还需要检查客舱、厕所有无滞留旅客，客舱有无旅客遗留物品。关闭除照明以外的一切电源；完成一切交接工作。

3．航后讲评

航后讲评是对当日乘务工作的总结，是提高客舱安全和服务质量的重要阶段，也是乘务工作的结束阶段。

航后讲评内容包括：工作差错、典型事例、特殊旅客服务、应急突发事件的处置、旅客意见反馈、乘务员绩效沟通以及改进乘务员工作建议等。

四、客舱应急处置

小吴，这次飞下来你表现不错，对飞行中客舱安全规则也有了实际的体会。不过，对于我们来说，还有一个重要的部分需要掌握……
我知道，那就是客舱的应急处置。

对！我们共同回顾一下对客舱出现的各种突发情况的应急处置规定吧。

1. 应急情况的组织工作与职责

机长
·对飞行安全负有主要责任；
·对飞行安全具有绝对权力；
·机上人员必须服从机长指挥。
乘务员
协助机长保证旅客、客舱、货物在紧急情况下的安全管理与应急处置。
安全员
维护飞机内的秩序，防范和制止劫机、炸机和其他对飞机的非法干扰行为，保护飞机及其所载人员和财产的安全。
乘客
协助与配合机组。

2. 应急设备

机上应急设备的配置和使用要求在CCAR-121-R4中有明确的规定。作为客舱乘务员，熟练掌握各种应急设备的使用非常重要。
《客舱乘务员手册》
机上应急设备的位置和数量，咱们乘务员手册上说得很明白，我都熟记了。
但是，不同机型应急设备的布局是不一样的，在换机型的时候，要格外注意应急设备布局的差异哦。

3. 突发情况的应急处置

非法干扰行为处置

非法干扰行为

非法干扰行为是指诸如危害民用航空和航空运输安全的行为或未遂行为，即：

（一）非法劫持飞行中的航空器；

（二）非法劫持地面上的航空器；

（三）在航空器上或机场扣留人质；

（四）强行闯入航空器、机场或航空设施场所；

（五）为犯罪目的而将武器或危险装置或材料带入航空器或机场；

（六）散布诸如危害飞行中或地面上的航空器、机场或民航设施场所内的旅客、机组、地面人员或大众安全的虚假信息。

——《公共航空旅客运输飞行中安全保卫规则》（民航局第193号令CCAR-332）

案例

2012年6月29日，某航空公司在执行航班任务的飞行过程中，遭遇6名歹徒暴力劫机。危急时刻，机组人员沉着冷静、妥善应对，在旅客协助下，成功制服歹徒，飞机安全着陆。

案例

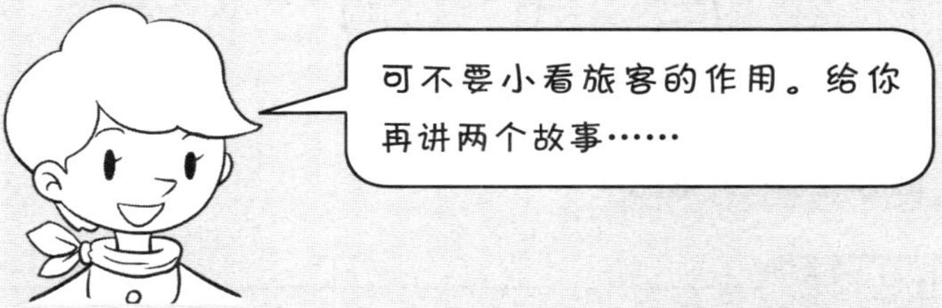

2001年，理查德·里德企图用藏在鞋中的炸弹炸毁美航63次航班，结果他遭到了旅客的一通"鞋雨"袭击，为了捆缚他，旅客们甚至贡献出了20条皮带。

2009年12月25日，乌马尔·阿卜杜勒马特拉布企图用内裤中的爆炸物炸毁西北航空253次航班，结果也是当场被旅客制服。当他点燃炸弹，身上开始起火时，他身边的荷兰导演贾斯珀·舒林加奋不顾身扑上前去，并且将其燃烧的内裤除下……

旅客扰乱行为处置

扰乱行为

扰乱行为，是指在航空器上不遵守行为规范，或不听从机组人员指示，从而扰乱航空器上良好秩序和纪律的行为。

——《公共航空旅客运输飞行中安全保卫规则》（民航局第193号令CCAR-332）

★ 违反规定使用手机或者其他禁止使用的电子设备的；
★ 使用明火或者吸烟的；
★ 强占座位、行李架的；
★ 盗窃、故意损坏、擅自移动航空器设备的；
★ 妨碍机组人员履行职责或者煽动旅客妨碍机组人员履行职责的；
★ 打架斗殴、寻衅滋事的；
★ 危及民用航空安全和扰乱客舱秩序的其他行为。

遇有扰乱行为，首先要确保人、机安全，争取飞行正常；及时控制事态，防止矛盾激化。

注意收集相关证据，以备必要时追究当事人的法律责任。

旅客遗失物品处置

当有旅客报告有物品丢失时，应首先问明旅客姓名和丢失物品详细信息及其丢失地点等，并按照公司相关程序予以处置。

飞机颠簸应急处置

在飞行中飞机随时都有可能遇有颠簸，颠簸分为可预知颠簸和突发性颠簸。颠簸程度可分为轻度、中度和严重颠簸。

遇有颠簸时，客舱乘务员应广播告知旅客坐好并系好安全带。应特别关注老人和儿童的安全，提示家长为儿童系好安全带。同时，乘务员也应对自身进行安全保护。

飞机轻微颠簸时，乘务组可以继续提供客舱服务，但不能提供热饮，避免烫伤旅客。

飞机中度颠簸时，乘务组应立即终止服务，将餐车、饮料车推回厨房。

飞机重度颠簸时，乘务员应立即原地踩刹车，热饮壶应放置在饮料车内；并就近坐好系好安全带，或原地抓紧附近固定物体将自己固定。

机上烟雾/火灾处置

机上常见的烟雾/火灾隐患包括以下几种，要特别警惕哦。

★烤炉内存有异物或加热时间过长；
★旅客吸氧时；
★旅客携带有易燃物品；
★卫生间内抽水马达故障；
★卫生间内有人吸烟；
★货舱内装有易燃的货物；
★电器设备操作或使用不当；
★座椅控制开关盒等。

提示

烟雾通常由燃烧而产生，因此应该把机上烟雾当作失火进行处置。

由于烤箱变形导致架子不配套，食物会倾斜油汁溢出，不及时清洁会造成火灾。

乘务员要保持旅客的情绪稳定，调整火源区域旅客座位。

执行灭火程序时，应组成三人灭火小组。

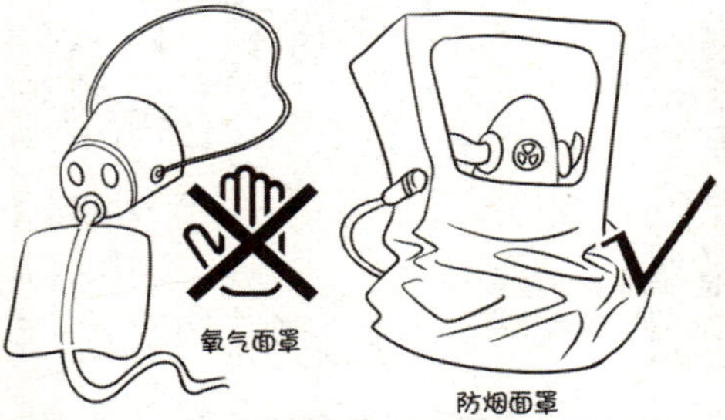

灭火人员不要使用氧气面罩，应戴上防烟面罩，必要时穿上防火衣。

应及时搬走火源区域的易燃物品。

厨房电器失火应首先切断厨房电源。

客舱释压应急处置

客舱释压

客舱释压由于引发原因不同分为缓慢释压（逐渐失去客舱压力）和快速释压（迅速失去客舱压力）。

缓慢释压发生时：机上人员发困和感到疲劳、氧气面罩可能脱落、应急用氧广播开始、失密警告灯亮、机舱门和窗口周围可能有光线进入等。

快速释压发生时：氧气面罩脱落、应急用氧广播开始、系好安全带指示灯亮、有物体在客舱内飘飞、客舱内温度下降、有很强的气流声及薄雾出现、人员感觉压耳痛、飞机作大角度的应急下降等。

客舱乘务员对释压的直接处置程序是：

★立即停止服务，戴上最近的氧气面罩；迅速坐在就近的座位上，系好安全带（如果没有空座位，则蹲在地上，抓住就近的结实机构固定住自己）；

★指示旅客戴好氧气面罩、系好安全带；

★观察周围情况，帮助指导旅客用氧；

★如机体有损坏，立即报告机长，等待机长指令。

到达安全高度后进行客舱检查的程序是：

★携带手提氧气瓶，检查旅客用氧情况，首先护理急救受伤的和失去知觉的旅客；

★为需要继续使用氧气的旅客提供手提式氧气瓶；

★检查客舱破损情况，必要时重新安排旅客座位，远离危险区域；

★检查客舱内有无烟火，必要时实施灭火程序；

★检查厕所内有无旅客；

★将整个释压过程及旅客和客舱情况及时通报机长。

注意！佩戴氧气面罩的顺序是飞行乘务员、成年人、未成年人，也可同时进行。

机上急救

机上急救是指在飞行过程中，对遭意外损伤或突然病发的旅客给予立即和暂时的处理，以等待医生到来或送往医疗单位治疗。

遇有严重伤病时的处置原则

★广播寻求医务人员的帮助。

★采用观察、询问等方法对患者情况进行分析判断。

★在医务人员未到之前或机上无医务人员时，按照急救箱内所附的“急救指南”进行急救。

★使患者尽量舒适。

★根据情况决定是否给患者吸氧。

★对旅客救助情况做好记录，及时报告机长并始终与驾驶舱保持联系。

外伤急救

烫伤处理

★轻度烫伤处理。

（1）用凉水冲或冰敷伤部以减轻损伤和止痛。

（2）不可弄破水泡，不要强行去除烫伤部位的各种物质。

（3）擦干患部后，敷上烫伤膏。

★重度烫伤处理。

（1）不可用水冲或用冰敷，不要试图去除伤部的沾染物。

（2）在出现明显的肿胀前轻柔地去除伤部各种穿戴物。

（3）用干的消毒敷布敷在伤部并加以包扎。

（4）为防止脱水要提醒伤者多饮水。

颈背部损伤处理

★不要搬动伤者。

★不要使伤者抬头或扭转头部。

★注意保暖并密切观察。

★如果需要搬运，应绑在硬板担架上并将其头颈部固定，没有担架时要保持全身一致搬运。

出血与止血

★轻度出血处理

可用消毒无菌敷料敷于伤处并用三角巾或绷带包扎。

★严重出血处理

压迫止血（注意：只能短时间内使用）。

止血带止血（注意：定时放松）。

小贴士

机上急救箱的配备数量、放置位置以及急救箱内物品的要求CCAR-121-R4附件B中有详细规定。

应急撤离

在什么情况下乘务员发出撤离指令呢？
理论上说，乘务员在飞机停稳30秒内未接获任何指令或者发生严重情况时，乘务员才可以决定应急撤离。

时间对于应急撤离来说非常宝贵。我们只有平日精于训练，到时沉着冷静，才能最大限度地减少人员伤亡。

正确指导旅客使用应急滑梯逃生。

旅客撤离后，乘务员应指挥旅客撤离到安全区。